Bibliographic information published by the German National Library:

The German National Library lists this publication in the National Bibliography; detailed bibliographic data are available on the Internet at http://dnb.dnb.de .

Imprint:

Print and binding: Books on Demand GmbH, Norderstedt Germany
ISBN: 9783668820166

This book at GRIN:

https://www.grin.com/document/441839

Ignacio Torres Flores

Determinación de Especies Forestales y su Relación con los Hábitos Alimenticios del Chancho Tropero (Tayassu Pecarí) en Base a Saberes Locales en el Municipio de Villa Tunari, Cochabamba

GRIN Verlag

UNIVERSIDAD INDÍGENA BOLIVIANA

COMUNITARIA INTERCULTURAL PRODUCTIVA QUECHUA

"CASIMIRO HUANCA"

CARRERA DE INGENIERÍA FORESTAL

DETERMINACIÓN DE ESPECIES FORESTALES Y SU RELACIÓN CON LOS HÁBITOS ALIMENTICIOS DEL CHANCHO TROPERO (*Tayassu pecarí*) EN BASE A SABERES LOCALES EN EL MUNICIPIO DE VILLA TUNARI, COCHABAMBA

TESIS DE GRADO PARA OPTAR EL TÍTULO DE INGENIERO FORESTAL

TORRES FLORES IGNACIO

Chimoré - Cochabamba – Bolivia

2015

DEDICATORIA

A Dios por darme la vida y buena salud en todo momento y haberme rodeado de tan buenos seres queridos quienes me han apoyado enormemente en mis estudios, principalmente mi tía, hermana, sobrinos y en especial a toda mi familia, a todos los docentes.

A los mártires que lucharon por la soberanía de los pueblos indígenas gracias a quienes cumplimos muchos sueños.

Este trabajo dedico a mi familia, quienes día a día estuvieron apoyándome y sacrificándose; con la finalidad de lo que mi trabajo investigativo tenga éxito y así lograr cumplir con mi objetivos propuestos.

AGRADECIMIENTOS

Agradezco profundamente al hermano presidente del Estado Plurinacional de Bolivia Evo Morales Ayma, por la oportunidad que brindó a los que no pudieron estudiar y formarse profesionalmente.

Doy gracias a los que derramaron la sangre para lograr la libertad en busca de una vida diferente en el país, organizaciones sociales formados por humildes hombres del campo, quienes hicieron posible la existencia de la Libertad y soberanía del pueblo.

A la organización de Confederación Nacional de Mujeres Campesinas Indígenas Originarias de Bolivia Bartolina (CNMCIOB "BS") por darme el aval para poder ingresar a la Universidad Indígena Boliviana Quechua "Casimiro Huanca" (UNIBOL-Quechua).

A la Universidad Indígena Boliviana Quechua "Casimiro Huanca" (UNIBOL-Quechua) por haberme dado todas las comodidades y el privilegio de estudiar para poder superarme.

A mi Asesor Ing. For Ing. Waldo Terceros Goitia y Revisor Ing. For. Húascar Camacho Mojica. por haberme guiado con sus conocimientos y paciencia para la realización del presente trabajo de investigación, por su apoyo incondicional y amistad.

A mis amigos, por el apoyo que me brindaron, por compartir cada bello momento de mi vida

Resumen

El manejo y conservación de la biodiversidad (flora y fauna) está intimamente ligado a la supervivencia de los chanchos troperos (*Tayassu pecari*), especie considerado vulnerable debido a la pérdida de su hábitat natural y cacería indiscriminada. El estudio se llevó a cabo en tres sindicatos Nuevo Horizonte, Túpac Catarí y 16 de Julio en el municipio de Villa Tunari, Cochabamba.

El objetivo del presente estudio fue determinación de especies forestales relacionadas con los hábitos alimenticios de las poblaciones de chancho tropero (*Tayassu pecarí*), basados en saberes locales en tres sindicatos Nuevo Horizonte, Túpac Catarí y 16 de Julio. El estudio contempla rescatar saberes locales como información valida para el estudio de investigación a traves de encuestas *in situ* de los pobladores de los tres municipios y su poserior analisis cualitativo y cuantitativo.

Los resultados identificaron 22 especies vegetales que son parte de la dieta del chancho tropero, la especie chonta (*Astrocaryum macrocallyx*) ocupa el mayor porcentaje en la dieta en los tres sindicatos, Túpac Catarí 22%, Nuevo Horizonte 19% y 16 de Julio con 16 %, en segundo lugar se encuentra la especie palla (*Phoenix roebeleni*), en el sindicato 16 de Julio 22%, Nuevo Horizonte 19% y Túpac Catarí con 15%. De las 22 especies se han identificado 16 especies maderables, 6 especies de palmeras, 2 especies de herbáceas, 2 especies de reptiles, 5 especies de insectos y 4 especies de cultivos agrícolas

En relación a las actividades de caceria se ha determinado que entre el 60 a 73 % de los pobladores usan arma de fuego para realizar la caceria, con fines de subsistencia familiar y no asi para la comercialización. La carne de chancho tropero fue y es uno de los proncipales productos alimenticios que suplen la demanda de proteinas en las familias.

ÍNDICE GENERAL

ÍNDICE DE FIGURAS

Pág.

ÍNDICE DE CUADROS

Pág.

LISTA DE ANEXOS

Pág.

INTRODUCCIÓN (2 parrafos)

El chancho tropero (*Tayassu pecari*) es un animal de tamaño mediano que puede pesar de 27 hasta 45 kg. Su pelaje es de color café negruzco, y presentan una mancha blanca a lo largo de su mandíbula inferior (Wong et al. 1999). Los chanchos del monte están distribuidos desde el Sureste de México hasta el Sur de Brasil pasando por todo Centro América y el Norte y Centro de América del Sur (Reyna-Hurtado et al. 2008). En la Península de Yucatán la especie presenta preferencia por las pequeñas lagunas, bosques semi caducifolios y bosques inundables (Reyna et al. 2009).

Esta especie se encuentra ampliamente distribuida en Bolivia en los departamentos de Pando, Beni, Santa Cruz, Chuquisaca, Tarija, Cochabamba y La Paz. Se encuentra en varias eco regiones, entre ellas el Sudoeste de la Amazonia, Sabanas Inundables, Yungas, Gran Chaco y Bosque Seco Chiquitano (Bernal & Silva, 2003).

Conforme indican en el libro rojo de la fauna silvestre de vertebrados de Bolivia (Ministerio de Medio Ambiente y Agua), el Tayassu pecari está en el apéndice CITES 2008 en la categoría II, de la misma manera la IUCN, 2008 lo considera especie Vulnerable, así también en la categorización del Libro Rojo 2008 la considera especie casi amenazada (N.T).

El estudio se realizo en los sindicatos Nuevo Horizonte, Túpac Catarí y 16 de Julio en el municipio de Villa Tunari, Cochabamba, Bolivia atraves de la metodología básica para la colecta de información de encuesta a los tres sindicatos con analisis descriptivo y preguntas abiertas y cerradas. Para la determinación de especies forestales que son su dieta y su alimentación del chancho tropero.

El estudio tuvo como objetivo determinar la diversidad de las especies forestales relacionadas con los hábitos alimenticios de las poblaciones de chancho tropero y su relación con el bosque así como con la biodiversidad chancho tropero (*Tayassu pecarí*) el incremento y o decrecimiento poblacional de la especie basados en saberes locales.

Plabras clave: Especies asociadas, dieta, decremento, habitos, distribución.

DIMENSIÓN I – QUERER

1.1. Identificación de la necesidad o problema

El manejo y conservación de la biodiversidad (fauna y flora) está íntimamente ligado a la supervivencia del *Tayassu pecari*, cuyos fundamentos y lineamentos deben considerar la mantención y preservación.

El *Tayassu pecari* es un animal mamífero terrestre más amenazado que se considera vulnerable, debido esencialmente a la pérdida de su hábitat natural y la presión de cacería. En este sentido hay mayor desaparición o migración del *Tayassu pecari* por causa de la deforestación, fragmentación del bosque, ampliación de la frontera agrícola y crecimiento poblacional humano.

El principal problema es la constante disminución de especies forestales que son fuente de alimentación de los *Tayassu pecari*, a consecuencia del desconocimiento de los pobladores de especies forestales que son la dieta de esta especie por parte de quienes realizan actividades de destrucción del bosque a objeto de habilitar nuevas áreas ya sea para la producción agrícola o pecuaria. Lo cual ocurre también en los tres sindicatos. Nuevo Horizonte, Túpac Catarí y16 de Julio.

1.2. Justificación

Tomando en cuenta que el *Tayassu pecari* es un animal silvestre que cumple la función de diseminador de semillas, de las especies forestales, escarifica las semillas en el tracto digestivo, remueve el suelo dentro el bosque coadyuvando al proceso de germinación. El presente estudio determino la presencia de especies forestales relacionadas con la dieta del chancho tropero y las principales causas de la desaparición de su hábitat.

La tala selectiva de árboles maderables sin manejo sostenible, cumpliendo a media la Ley 1700 y Resolución Ministerial (R.M). 248/1998), Ley del Medio Ambiente. 1333 que promueve la preservación, conservación y control de fauna y flora.

1.3. Objetivos

1.3.1. Objetivo general

Determinación de especies forestales relacionadas con los hábitos alimenticios de las poblaciones de chancho tropero (*Tayassu pecarí*), basados en saberes locales en tres sindicatos Nuevo Horizonte, Túpac Catarí y 16 de Julio en el municipio de Villa Tunari, Cochabamba.

1.3.2. Objetivos específicos

- Identificar las especies forestales que son la dieta de los chanchos troperos (*Tayassu pecarí*), en los tres sindicatos.
- Determinar presencia y cacería de los chanchos troperos (*Tayassu pecarí*), mediante los pobladores locales.
- Determinar el incremento o decremento poblacional de los chanchos troperos (*Tayassu pecarí*), en base a información *in situ* y saberes locales.

DIMENSIÓN II – SABER

2.1. Contextualización Teórica

2.1.1. Características de la especie chancho tropero (*Tayassu pecari*)

El siguiente cuadro muestra la jerarquía taxonómica y posición sistemática del chancho tropero (*Tayassu pecari*):

Cuadro 1. Clasificación Taxonómica

Clasificación del *Tayassu pecari*	
Reino	Animalia
Filo	Chordata
Clase	Mammalia
Orden	Artiodactyla
Familia	Tayassudae
Especie	*Tayassu pecari*

Fuente: (Link, 1795)

2.1.2. Descripción del *Tayassu pecari*

En Bolivia hay tres especies de pecaries, el solitario (*Catagonus wagneeri*), el chanchos troperos (*Tayassu pecari*) y el taitatú (*Tayassu. tayacu*). El taitatú tiene la mayor distribución entre las especies de la familia *tayassudae* y habita desde el bosque tropical donde la tempertura media es alrededor de 27 °C (Bodmer, 1993).

El *Tayassu pecari* es una especie íntimamente que forma grandes manadas compuestas por individuos de todas clases de edades y de sexos y su organización social es algo compleja. El tamaño de estas manadas varía desde 16 hasta 200 individuos, en promedio una la manada está conformada por 40 chanchos, incluyendo machos y hembras adultos (con predominio numérico de estas últimas), machos y hembras juveniles en proporciones semejantes y crías de ambos sexos (Carrillo, 1997).

La actividad diaria de los *Tayassu pecari*, es abundante, donde la mayor parte del tiempo se dedican a la alimentación 34 %, al desplazamiento 33% y descanso 28%, dedican a las interacciones sociales con sus manadas un 3% y 2 % a otras actividades. Son principalmente frugívoros, consumen alrededor de 57 especies vegetales 37 de los cuales son frutos o semillas que pertenecen a 24 familias (Sáenz, J. et al., 1998).

La especie *Tayassu pecari* se caracteriza por poseer una mancha clara, en forma de barba, en la base del osico en entorno a los labios. El tamaño promedio que pueden alcanzar es 55 cm, y una longitud entre 90 a 130 cm en estado adulto y pesa aproximadamente entre 25 a 40kg.

Fuente: (Rumiz, 1999)

Figura 1. Diferentes tamaños de *Tayassu pecari*

Los *Tayassu pecari* juegan un rol ecológico elemental en el bosque tropical, como predadores de semillas, dispersores y ramoneadores, y como alimento de otros depredadores más grandes, puma (*Puma concolor*) incluyendo los pobladores de las comunidades para subsistencia y cacería deportiva, las formas de cacería son diversas por ejemplo; armas de fuego, arma blanca (machete) uso de perros armadilla (Painter y Rumiz, 1999).

2.1.3.Reproducción

Las hembras crían sus hijos a lo largo de todo el año y entran en un periodo de celo que puede durar entre 18 y 21 días. La gestación dura alrededor de 160 días, generalmente procrea 2 crías, que pesan aproximadamente 1 kg y nacen con un pelaje de color rojizo. A los pocos meses cambia el color se va haciendo más oscuro y ya para el año adquieren la coloración de adultos. Las crías lactan hasta los 6 meses, pero mucho antes han empezado a comer frutos y brotes tiernos. La madurez sexual parece depender de la abundancia de alimentos y se puede alcanzar desde el año y medio hasta 2 años (Salvador, 2007).

2.1.4. Comportamiento

Es un animal diurno y vive en inmensas manadas en ciertas épocas del año, en algunas zonas, las manadas grandes se dividen en grupos más pequeñas de acuerdo con la distribución y abundancia de los alimentos o la presencia de depredadores, hay evidencia de intercambios de individuos entre manadas vecinas y apareamientos entre machos y hembras de diferente manada, la gestación dura aproximadamente 160 días, después de los cuales nacen una o dos manadas (Lama, 2000). Asimismo son omnívoros y aunque prefiere consumir frutos también se alimenta de raíces, tubérculos, nueces, hierba e invertebrados (Miserendino, 2007).

2.1.5. Distribución y hábitat del *Tayassu pecari*

Se encuentra con una amplia distribución en el mundo cosmopolita, desde México hasta Argentina, con excepción de San Salvador (donde se extinguió y no se ha registrado en Chile). Vive desde el nivel del mar hasta más de 1900 m.s.n.m. de altitud en las laderas orientales de los Andes. De todas las especies de pecaríes, ésta es la que más prefiere la fronda cercada y lo hábitos per húmedos: Alrededor del 60% vive en los bosques tropicales húmedos. Sin embargo, está adaptado a una gran diversidad de hábitat, que incluye praderas, bosques secos y hasta zonas xerófitas y manglares costeros, distribuido en los bosques húmedos Neo tropicales de Norte, Centro y Sur América (Louise et al., 1997).

Esta especie se encuentra ampliamente distribuida en Bolivia en los departamentos de Pando, Beni, Santa Cruz, Chuquisaca, Tarija, Cochabamba y La Paz. Se encuentra en varias eco regiones, entre ellas el Sudoeste de la Amazonia, Sabanas Inundables, Yungas, Gran Chaco y Bosque Seco Chiquitano (Bernal & Silva, 2003).

Los hábitats preferidos son ríos, riachuelos, meandros, manchas de árboles frutales (motacú, marayaú y bibosi) y salitrales son las áreas más frecuentados por los *Tayassu pecari* (Herrera, 2000).

Cuadro 2. Categorización del chancho tropero según el Libro Rojo

Familia	Especie	Apéndice CITES 2008	IUCN, 2008	Categoría 2008 libro rojo
Tayassuidae	Tayassu pecari	II	Vulnerable (V.U)	Casi Amenazada (N.T)

Fuente: (Miserendino, 2007).

EL *Tayassu pecari* en época seca obtiene sus alimentos en diferentes lugares por ejemplo, el interior del bosque durante la maduración de maduración de los frutos silvestres, acuden a los complementar su dieta absorbiendo sal y en aquellos lugares donde los *Tayassu pecari* acuden a bañarse cuando hace demasiada calor embarrándose el cuerpo para evitar la picadura del tábano u otros insectos característicos de la región amazónica (Llorente, 2010).

Consumen frutos estacionales, mientras que las partes vegetativas de los platanillos de la familia Araceae fueron consumidas con mayor frecuencia en cada mes (20% de las observaciones diarias de cada mes). Identificaron 57 especies vegetales consumidas por el *Tayassu pecari* de los cuales 37 son frutos y semillas (Llorente, 2010).

2.1.6. Instrumentos juridico-legales de protección de recurso fauna

Bolivia ha generado varias herramientas legales a nivel nacional y departamental para la conservación, manejo y comercialización de la fauna silvestre. Entre estas podemos citar: la Ley de Vida Silvestre, Parques Nacionales, caza y pesca Decreto Supremo (DS: 12301 del 14 de marzo de 1972), la Ley de Medio Ambiente (Ley 1333 del 23 de marzo de 1992), el Decreto de Veda General e Indefinido (DS: 22641 del 8 de noviembre de 1990) y su respectiva ratificación (DS: 25458 del 21 de julio de julio de 1999), la Ley Forestal 1700 (del 12 de julio de 1996) el reglamento de la Ley Forestal entre otros (Santivañez, 2007).

De igual forma hay otras herramientas que guían el proceso de manejo y conservación de la fauna silvestre, como uno de los recursos no maderables presentes en el bosque. El plan nacional de conservación de la biodiversidad (DS: 26556 del 19 de marzo de 2002), el Convenio de Diversidad Biológica (ratificado mediante la Ley Nº 1580 del 15 de junio de 1994) y la Convención para el Tráfico de Especies Amenazadas (ratificado mediante la Ley Nº 1255 del 5 de julio de 1991), establecen criterios idóneos que permiten guiar el proceso de manejo y conservación de la fauna silvestre (Santivañez, 2007).

La Ley del Medio Ambiente promueve el desarrollo de mecanismos idóneos para la protección y conservación de la fauna silvestre, empezando por comprometer al Estado a promover tratados y acciones intencionales de preservación, conservación y control de la explotación de la fauna silvestre (Tit. 3, Cap V, Art. 29). El Estado y la sociedad civil, también deben desarrollar esfuerzos conjuntos y utilizar la información técnica, científica y económica como herramienta base en la toma de acciones y decisiones (Tit. IV, Cap I, Art. 32; Cap VI, Art. 52-53), que permitan promover el aprovechamiento racional de la fauna silvestre en favor de las comunidades que le dan un uso tradicional (Art. 56) (Ley 1333, 1992).

2.1.7. Importancia de *Tayassu pecari*

La función e importancia del *Tayassu pecari* en los ecosistemas de los bosques tropicales donde habita han sido descritas como muy valiosas, debido a su notable papel como escarificador de suelo, dispersor de algunas semillas de especies de árboles y arbustos de los cuales se alimenta (Bodmer 1997).

Es también importante identificar los "cuellos de botella" más relevantes de la cacería en los bosques de producción forestal en Bolivia, así como las medidas idóneas que mitiguen los impactos que se generan sobre la fauna silvestre en dichas áreas. De esta forma, no solo se logra beneficiar a distintos usuarios del bosque, sino también el establecer mecanismos que permita una manejo más integral de los recursos forestales, sin perjudicar la permanencia y desarrollo de las poblaciones de vertebrados que forman parte de la sostenibilidad ecológica, económica y social (Morales 1994).

Muchas especies de animales guardan una estrecha relación con su entorno, participando en la reproducción y dispersión de semillas dentro el bosque, donde actúan cierto tipo de plantas produciendo estimulantes aromáticos para atraer a sus transportadores generacionales. Las adaptaciones que se suscitan en algunas especies de los bosques tropicales entre árboles y arbustos son muy elevadas, con un 90% de especies que presentan frutos con adaptaciones atrayentes de aves y mamíferos (Morales 1994).

Sin lugar a dudas, el *Tayassu pecari* está estrechamente ligada al mantenimiento y la conservación de los bosques de producción de Bolivia y el mundo, porque son responsables de la dinámica ecológica de los ecosistemas. En este sentido, distintos ambientes ecológicos presentan diversas especies clave que son precisamente aquellas que tienen un vínculo de dispersión, diseminación, escarificación, polinización y/o controladores biológicos de otras poblaciones de animales (Rumíz 2001).

Queenborough et al. (2012) indica que el *Tayassu pecari* también causan impactos en las comunidades de plantas alrededor de las palmas, ya que al alimentarse de las palmas causan la muerte de plántulas de otras especies. Por lo tanto los *Tayassu pecari* tienen un importante rol en la ecología de los bosques ya que al depredar especies vegetales actúan como especie controladora, contribuyendo a mantener la diversidad en el bosque y además son importantes dispersores de semillas ya que viajan largas distancias (Sáenz y Carrillo 2002).

La diversidad florística del ecosistema de bosque tropical, es la base para la riqueza de los recursos naturales y su utilización debe realizarse de manera sustentable, comprometiéndose para el beneficio de las generaciones futuras (Rumiz & Herrera, 1998 citado por García, L. 1998). Así también la Ley Forestal 1700. Art. 2 Parágrafo b. establece, que el desarrollo forestal sostenible debe garantizar la conservación de los ecosistemas, la biodiversidad y el medio ambiente.

El presente estudio identificó los problemas principales de subsistencia del chancho tropero, la deforestación, caceria, ampliación de frontera agricola. Según la (Ley 1333, 1992), menciona que la riqueza de especies de fauna y flora, se encuentran significativamente amenazadas, bajo fuerte presión y riesgo de extinción, la amenaza principal es la pérdida y deterioro del hábitat por degradación, perturbación y destrucción de ecosistemas naturales a consecuencia de la cacería. El crecimiento poblacional humano, requerimiento mayor aprovisionamiento de carne de monte para la alimentación de las familias.

El *Tayassu pecari* según (Louise et al., 1997), se encuentra con una amplia distribución en el mundo cosmopolita, desde México hasta Argentina, con excepción de San Salvador (donde se extinguió y no se ha registrado en Chile). Esto debe llamar la atención ya que existen índices de su extinción como es el caso de San Salvador. También puede considerarse al chancho de monte un arquitecto del bosque porque es un eficiente dispersor de semillas. Además, esta especie constituye el principal alimento de felinos, como jaguares y pumas.

2. 1.8. Alimentación del *Tayassu pecari*

Para el *Tayassu pecari* su dieta alimentaria está constituida principalmente por especies forestales, o parte de ellas como como ser frutos, cogollos, raíces semillas. Durante el consumo o alimentación los *Tayassu pecari* cumplen un rol importante como ser dispersan semillas de un lugar a otro así también en el proceso de digestión mediante sus jugos gástricos escarifican y posteriormente defecan algunas semillas listas para su germinación.

Cuadro 3. Lista de plantas forestales que son parte de la dieta del *Tayassu pecari*

Especie	Familia	Parte	Especie	Familia	Parte
Anacardium excelsum	Anacardiaceae	F	*Geonama SPP.*	Arecaceae	F L
Anthurium sp.	Araceae	H,T,FL	*Geonama cuneata*	Arecaceae	F L
Astrocaryun sp	Arecaceae	S	*Guarea spp.*	MMeliaceae	T
Bactris ssp	Areacacea e	S	*Heliconia spp.*	Heliconaceae	T
Brosimum alicastrum	Moraceae	F	*Homalomena wendlandi*	Aracaceae	H L
Brosimum costaricarum	Moraceae	S, PL	*Inga spp*	Fabaceae	S
Brosimum utile	Moraceae	S,PL	*Iriarte deltoidea*	Arecaceae	S, F
Carlododovica drudei	Cyclanthaceae	T	*Licania operculipetala*	Chrysobalanaceae	F
Cyclanthus spp	Cyclanthaceae	T	*Licania platypus*	Chrysobalanaceae	S, F
Cissus spp.	Vitaceae	F	*Mansoa spp.*	Bignoniaceae	H
Clarisia biflora	Moracae	F	*Marantes panamensis*	Chrysobalanaceae	F
Compsoneura sprucei	Myristicaceae	S	*Maripa nicaraguebnsis*	Convolvulaceae	F
Costus spp.	Costaceae	H	*Monstera menbranaceae*	Arecaceae	H, T
Crysophila guagara	Arecaceae	S	*Monstera spp.*	Araceae	H, T
Denpropanax spp.	Araliaceae	F	*Moutatabea longifolia*	Polygceae	H
Dieffenbachia concinna	Araceae	H,T	*Musa acuminata*	Musaceae	F, T
Dieffenbachia oerstdii	Araceae	H,T	*Otoba novagranatensis*	Myristicaceae	F, S
Dieffenbachia spp	Araceae	H,T	*Parinaria parvifolia*	Chrysobalanaceae	F
Dieffenbachia pluricostratum	Araceae	H,T	*Paullinia spp.*	Sapindaceae	F
Ficus zarzalensis	Moraceae	F	*Philodendron auriculatum*	Araceae	H, T
Ficus maxma	Moraceae	F	*Philodendron inaequilaterum*	Areceae	H, T
Ficus spp.	Moraceae	F	*Philodendron platypetiolatum*	Araceae	H, T
Garcinia spp.	Moraceae	F	*Pouteria spp.*	Sapotaceae	S
Psidium guajaba	Myrtaceae	F	*Spondias radlkoferi*	Anacardiacea e	F
Quararibea asterolopis	Bombacaceae	F, S	*Syngonium macroophyllun*	Araceae	H, T
Scheelea rostrata	Arecaceae	F, S	*Syngonium hastiferum*	Araceae	H,T
Serjania spp.	Sapindacea e		*Urea spp*	Urticaceae	H,T
Spathinohyllun spp	Araceae	H, T	*Virola spp.*	Myriticaceae	F
Spondias mombin	Anacardiaceae	F			

Partes comidas de cada planta: F: fruto, H: hoja, T: Tallo, FL: flor, S: semilla, PL: plántula.

Fuente: Miserendino, 2007

2.1.9. La caza

Una de las principales limitaciones para disminuir la caza *Tayassu pecari* es la falta de información base, sistemática y actualizada para comprender el problema en las zonas. Según (Borges y Herrera. 2006) se requieren estudios que den la información necesaria para desarrollar una estrategia de control de la cacería deportiva. Estos autores sugieren que se debe obtener información sobre las siguientes variables:

- Estudios poblacionales de las especies (*Tayassu pecari*) cazadas y las presas (numero, sexo, edad, y pesos).
- Frecuencia y temporadas de caza por especie.
- La alimentación de los *Tayassu pecari* referida a especies forestales.

Los Yuqui no han cazado a los *Tayassu pecari* desde 1985, previo a la otorgación del territorio en calidad de tierra Comunitaria de Origen (TCO) los Yuqui cazaban *Tayassu pecari* un promedio de dos veces por mes y aunque ellos saben que los *Tayassu pecari* realizan movimientos poblacionales y pueden ausentarse por periodos prolongados, sin embargo los últimos años las ausencias son más prolongados

Según, (Cardona, 1999). Los caminos construidos por las empresas madereras sirvieron de vías de ingreso para la ocupación y asentamiento ilegal de personas que practican una agricultura migratoria de roza, tumba y quema, provocando un impacto ambiental negativo y la continua destrucción del bosque natural. Por otro lado la identificación de frutos es un indicador para el cazador, de que ahí va encontrar los *Tayassu pecari* (Prada, 2010).

Las poblaciones de *Tayassu pecari* actualmente tienen serios problemas para conseguir su alimentación, provocando una debilitación de las masas poblaciones o número de individuos, lo cual hace que estas poblaciones sean más vulnerables a otros predadores como el puma (*Puma concolor*), jaguar así también los cazadores furtivos.

2.1.10. La encuesta

Según García, 1993. Una encuesta es una investigación realizada sobre una muestra de sujetos representativa de un colectivo más amplio, que se lleva a cabo en el contexto de la vida cotidiana, utilizando procedimientos estandarizados de interrogación, con el fin de obtener mediciones cualitativas y cuantitativas de una gran variedad de características objetivas y subjetivas de la población.

La encuesta es un método de investigación basado en una serie de preguntas dirigidas a sujetos que constituyen una muestra representativa de una población con la finalidad de describir y/o relacionar características personales, permitiendo así generalizar las conclusiones (Latorre et al., 1996).

a) Las características de la encuesta

La encuesta es una observación no directa de los hechos, sino por medio de lo que manifiestan los encuestados. Es un método preparado para la investigación, que permite una aplicación masiva que mediante un sistema de muestreo pueda extenderse universalmente. Hace posible que la investigación social llegue a los aspectos subjetivos de los miembros de la sociedad.

B) La universalidad de la encuesta

Prácticamente todo fenómeno social puede ser estudiado a través de las encuestas.

En primer lugar las encuestas son una de las escasas técnicas de que se dispone para el estudio de las actividades, valores, creencias y motivos. Hay estudios experimentales en que se conocen inicialmente las variables que intervienen y mediante la encuesta, bien por cuestionarios o por entrevistas hacen posible determinar las variables del estudio.

En segundo lugar, las técnicas de encuesta se adaptan a todo tipo de información y a cualquier población. Las encuestas permiten recuperar información sobre sucesos acontecidos a los entrevistados y permiten estandarizar los datos para un análisis posterior, obteniendo gran cantidad de datos a un precio bajo y en un período de tiempo corto.

2.2. Saberes y tecnologías ancestrales

Aunque existen normativas a nivel internacional como la Convenio sobre la Diversidad Biológica de 1992, en el cual en su apartado j de su Artículo 8 indica que se respetará, preservará y mantendrá los conocimientos, las innovaciones y las prácticas de las comunidades indígenas y locales que entrañen estilos tradicionales de vida pertinentes para la conservación y la utilización sostenible de la diversidad biológica, no ha encontrado una respuesta contundente. Lo más cercano que podemos mencionar es la del Programa Amazónico de Educación Intercultural Bilingüe de Bolivia.

a) Saberes locales, conocimientos ancestrales:

Al hablar de los saberes locales y conocimientos ancestrales tenemos que hablar no solo de sistematizar, registrar y proteger los conocimientos y saberes de los pueblos indígenas y comunidades, sino de su incorporación en la estructura científica y en la nueva matriz productiva. Para ello, tal vez falte crear centros de investigación para la creación de tecnologías e innovaciones propias, así como defender e impulsar su desarrollo y aplicación para el vivir bien (entendida como la recuperación del equilibrio con la naturaleza o equilibrio ecosistémico). De ahi surge la necesidad de confrontar (en el buen sentido) y encontrar complementariedad de conocimientos convencionales y tradicionales, conocimientos centenarios con conocimientos milenarios, conocimientos basados en la experiencia vivencial con conocimientos basados en tecnologia.

El mundo debe recuperar, aprender, reaprender los principios y enfoques del legado ancestral de sus pueblos originarios para detener la destrucción del planeta, así como los conocimientos y prácticas ancestrales y recuperación de la espiritualidad en la reinserción del vivir bien juntamente con la Madre Tierra. Por ejemplo, las tecnologías andina-amazónicas, en este instante, se convierte en una alternativa real, para afrontar los efectos climáticos adversos como el fenómeno del niño y otros. Así mismo, herramientas como los indicadores de vulnerabilidad, análisis agroclimatológico, fenómenos climáticos, calendario agrícola y otros deben ser desarrollados.

DIMENSIÓN III – HACER

3.1. Localización de la investigación

La investigación se realizó en tres sindicatos: Nuevo Horizonte, Túpac Catarí y 16 de Julio del municipio de Villa Tunari Provincia Chapare del Departamento de Cochabamba. Geograficamente se encuentra ubicado en: 16°46'9,2' de Latitud S y 65°18''24,4' Longitud W. (Nuevo Horizonte), 16°45''59,1' de Latitud S y 65°18''23' Longitud W (Túpac Catarí) y 16°46''8,8' de Latitud S y 65°18''19,4' Longitud W (16 de Julio), a una altitud de 240 msnm. Temperatura media es de 26°C, con una precipitación promedio de 2500 mm.

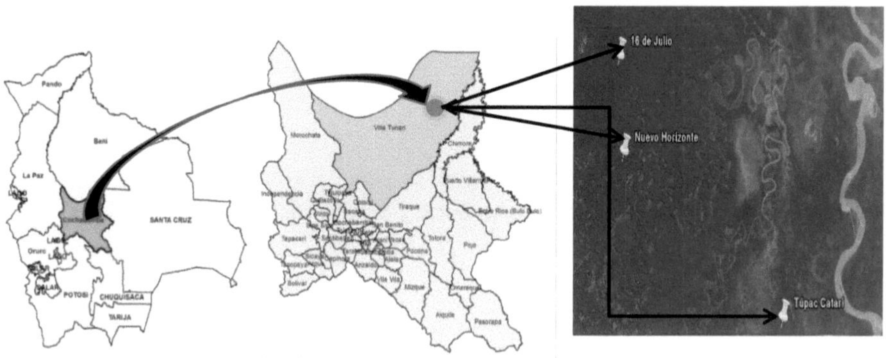

Figura 2. Localización del area de estudio

3.2. Metodología

3.2.1. Diseño de la investigación

Para la determinación de la muestra se utilizó la siguiente ecuación de Munich, 1990; Spiegel, 1979.

$$n = \frac{Z^2\, pqN}{Z^2pq + Ne^2}$$

Dónde:

n = Número de elementos de la muestra

e = 0,1%

Z = 1.65 (tabla de distribución normal para el 90% de confiabilidad y 10% error)

N= Número de elementos de la población o universo

p = 0.50 probabilidad de que ocurra

q = 0.50 probabilidad de que no ocurra

Las muestras se han seleccionados y aplicado al azar de acuerdo al tamaño de la población, tomado encuenta los siguienes criterios de clacificación; a) Por edad (jovenes, adultos mayores), b) Por genero (masculino y femenino) y c) Por ocupación (agricultor, ama de casa y estudiantes).

3.2.1.1. Análisis descriptivo

La investigación se basó en un **análisis descriptivo** donde se utilizaron tablas de frecuencias, cuadros, gráficas y reportes generados en el Programa Excel. Asimismo la interpretación de los resultados de las percepciones de las comunidades se realizó mediante la aplicación de análisis multivariado a través de correspondencias.

3.2.2. Métodos – procesos

3.2.2.1. Selección de muestra

Se realizó la selección de muestras según la fórmula de Munich, 1990, para la encuesta de tipo semi estructurado con preguntas abiertas, cerradas. En cada uno de los tres sindicatos en sus reuniones generales, Nuevo Horizonte fecha de encuesta (19 de abril), Túpac Catarí (18 de abril) y 16 de Julio (16 de abril). La encuesta fue realizada respetando la equidad de género según a la asistencia de reunión general, a personas mayores de 15 años, afilados a los sindicatos respectivos quienes a su vez son conocedores del lugar y mayormente cazadores de *Tayassu pecari*, para el consumo doméstico. Según la planilla de encuestas (Anexo12).

3.2.2.2. Población y muestra

Las encuestas se realizaron por sindicatos:

a) Sindicato 16 de Julio; el día 16 de abril de 2015, se realizó una reunión general, en la sede central, donde asistieron 28 afiliados de los cuales se ha encuestado 25, según a la fórmula sugerido por Munich, 1990, el sindicato está conformado en total por 40 afiliados que constituye el universo poblacional elegible.

Figura 3. Encuesta realizada en el sindicato 16 de julio

b) Sindicato Túpac Catarí; la encuesta se realizó el 18 de abril de 2015 en su sede sindical, donde asistieron 33 afiliados de las cuales se ha encuestado a 27 afiliados, respetando la equidad de género, el sindicato esta conforma en total por 45 afiliados que constituye el universo poblacional.

Figura 4. Encuesta realizada en el sindicato Túpac Catarí

c) Sindicato Nuevo Horizonte; la encuesta se realizó el 19 de abril de 2015, en su sede central, donde asistencia de 54 afiliados y de las cuales se ha encuestado 42 afiliados de un total de 109 afiliados.

Figura 5. Encuesta realizada en el sindicato Túpac Catarí

3.2.2.3. Reunión con los dirigentes de sindicato

Para la realización de las encuestas inicialmente se coordino con los dirigentes de cada sindicato(secretarios generales), quienes fijaron las fechas de realización de las encuestas haciendo coincidir con las reuniones generales de cada sindicato habiendose determinado de la siguente manera: Nuevo Horizonte (19 de bril), Túpac Catarí (18 de abril) y 16 de Julio (16 de abril). De la misma manera se obtubo el numero de afiliados por sindicato siendo que Nuevo Horizonte 109 afiliados, Túpac Catarí 45 afiliados 16 de julio 40 afiliados; con etos datos y conjuntamente con los dirigentes se procedio a calcular el numero de afiliados que deberian ser encuestados

3.2.2.4. Reunión general de los sindicatos

Conforme a lo coordinado y de acuerdo a las fechas concertadas con los dirigentes, se asistió a las reuniones de cada sindicato en respeto a orden del día y siendo que el tema de la encuesta fue considerado en el punto salud y educación. Inicialmente se procedió a explicar los alcance del estudio, así también se hizo conocer el número de afiliados que serían encuestados realizando un equilibrio en genero los dirigentes quienes designaron a las personas serian. Hubo la necesidad de traducir las preguntas de la encuesta así como las respuestas al idioma quechua.

3.2.2.5. Materiales y equipos

a). Materiales de campo

- GPS
- Lápices
- Planilla y /o formulario de campo
- Cámara fotográfica

b). Materiales de gabinete

- Computadora
- Impresora, hojas, papel boom
- Lapiceros, Marcadores

DIMENSIÓN IV – PODER

4.1. Resultados y discuciones

4.1.1. Especies forestales que forman parte de dieta de los chanchos troperos (*Tayassu pecari*)

Los resultados de presente estudio correspondientes al objetivo 1, se refiere a las principales especies forestales que son la dieta del *Tayassu pecari*, siendo la especie más apetecida la chonta (*Macrocallyx*); con los siguientes porcentajes:

Cuadro 4. Especies forestales mas apetecidas y consumidas por *Tayassu pecari*

Resultados según encuesta		
Especies forestal	**Los tres sindicatos**	**% de consumo**
Chonta (*Macrocallyx*)	Túpac Catarí	22%
	Nuevo Horizonte	19%
	16 de Julio	16%

En segundo lugar se encontró de preferencia en la dieta del *Tayassu pecari* tiene esta la especie Palla (*Phoenix roebeleni*) en los tres sindicatos:

Cuadro 5. Especies forestales que son dieta secundaria de los *Tayassu pecari*

Resultados según encuesta		
Especies forestal	**Los tres sindicatos**	**% de consumo**
Palla (*Phoenix roebeleni*)	16 de Julio	22%
	Nuevo Horizonte	19%
	16 de Julio	15%

Por otro lado se ha encontrado que el número total de especies forestales dentro la dieta del *Tayassu pecari* son: 22 especies forestales, las más importantes son: (cedro, Trompillo, Almendrillo, Paquío, Chirimoya, Mapajo, Ambaibo, Jorori, Verdolago, Coquino, Charque, Maní, Bibosi, Pacay, Papayon, Laurel. Entre las especies forestales no maderables se encuentra: Palma, Majo, Palla, Motacu, Chonta, y Pachubilla.

A nivel de familia las 22 especies citadas, 6 corresponden a palmaceae, con las especies *Attalea phalerata, Oenocarpus bataua, Astrocaryum macrocallyx, Euterpe precatoria y Phoenix roebeleni;* la familia Meliaceae con las especies *Guarea macrophylla y Cedrela fissilis;* la familia Caesalpiniaceae con los *Hymenaea courbaril y Terminalia oblonga.* Las familias que presentan una sola especie son: Morácea con la especie *Ficus boliviana* Sapotaceae *Pouteria nemorosa* Annonaceae *Annona sp* Coriaceae *Eschweilera coriacea* Bombacaceae *Ceiba pentandra* Cecropiaceae *Cecropia concolor* Caricaceae *Lecythis ampla Miers* Mimosaceae *Inga sp* Fabaceae *Manihot sp* lauraceae *Cordia megalantha* Caesalpiniaceae *Dipteryx micrantha* (Cuadro 6).

Otro de los resultados, de la dieta del *Tayassu pecari* se alimenta de 2 especies Herbáceas el Patujú y Achera de las que comen los cogollos (Anexo 2). Al margen de especies vegetales también consumen especies animales como reptiles víbora, lagartos, insectos como ser: escarabajo, saltamontes, moscas, hormigas chinches y algunos pequeños mamíferos como ratas y otros (Anexo 4). En cuanto a cultivos domésticos consumen: yuca y en menor porcentaje el maíz, plátano y walusa.

Según Miserendino, R. 2007. En un estudio realizado referente a los hábitos alimenticios de los *Tayassu pecari* en el territorio indígena Siriono, Beni, Bolivia, en los 27 estómagos analizados se encontró 28 especies forestales, 25 especies zoológicas, 4 especies de cultivos. Los resultados arriba citados tienen alta similitud con los resultados del presente estudio donde se encontró 22 especies forestales maderables y no maderables; también se encontró Herbáceas: 2 especies, de Reptiles 2 especies, insectos 5 especies y cultivos 4 especies.

Grafico 1. Lista de especies forestales consumidos por los *Tayassu pecari*

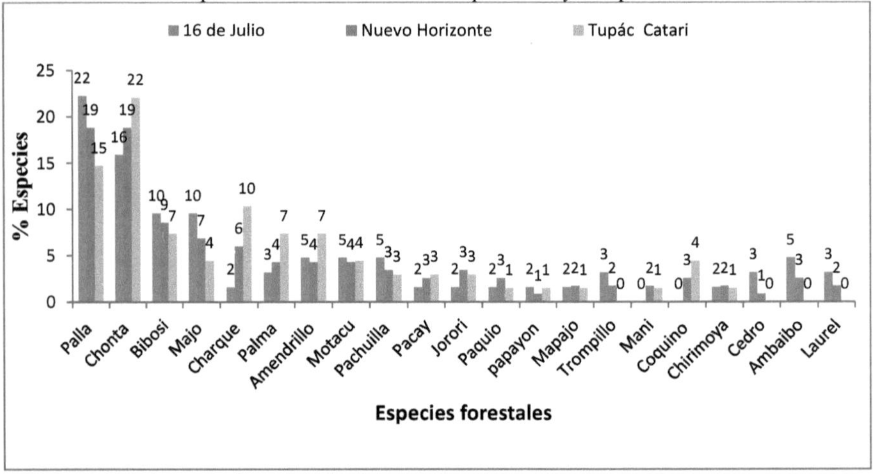

Cuadro 6. Lista de especies forestales que son fuente de alimentación los *Tayassu pecari*

N°	Nombre Común	Nombre científico	Familia	N° Familias
1	Bibosi	*Ficus boliviana*	Morácea	1 Especie
2	Jorori	*Swartzia jorori*	Leguminosae	1 Especie
3	Coquino	*Pouteria nemorosa*	Sapotaceae	1 Especie
4	Chirimoya de m	*Annona sp*	Annonaceae	1 Especie
5	Charque	*Eschweilera coriacea*	coriaceae	1 Especie
6	Mapajo	*Ceiba pentandra*	Bombacaceae	1 Especie
7	Ambaibo	*Cecropia concolor*	Cecropiaceae	1 Especie
8	papayon	*Lecythis ampla Miers*	Caricaceae	1 Especie
9	Paquio	*Hymenaea courbaril*	Caesalpiniaceae	
10	Verdolago	*Terminalia oblonga*	Caesalpiniaceae	2 Especies
11	Pacay	*Inga sp*	Mimosaceae	1 Especie
12	Trompillo	*Guarea macrophylla*	Meliaceae	
13	Cedro	*Cedrela fissilis*	Meliaceae	2 Especies
14	Mani	*Manihot sp*	Fabaceae	1 Especie
15	Laurel	*Cordia megalantha*	Lauraceae	1 Especie
16	Amendrillo	*Dipteryx micrantha*	Caesalpiniaceae	1 Especie
17	Motacu	*Attalea phalerata*	palmaceae	
18	Majo	*Oenocarpus bataua*	Palmaceae	
19	Chonta	*Astrocaryum macrocallyx*	Palmaceae	6 Especies
20	Palma	*Euterpe precatoria*	Palmaceae	
21	Palla	*Phoenix roebeleni*	Palmaceae	
22	Pachuilla	*Chamaedorea spp.*	Palmaceae	

4.2. Cacería de *Tayassu pecari*

4. 2.1. Tipos de arma que utilizan para cazar en los tres sindicatos

Como resultado del estudio se tiene que el metodo mayormente utilizado para la caza es mediante el arma de fuego en los tres sindicatos en un porcentaje mayor al 60% mayor porcentaje realizan la caceria mediante el uso de armadilla, arma blanca y otros (Cuadro 3).

Gráfico 3. Tipos de armas utilizados para la caceria del *Tayassu pecari*

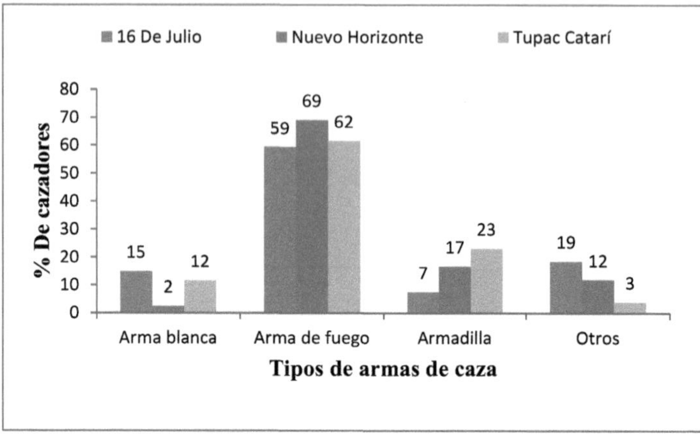

4.2.2. Responsables de la caza y/o provisión de carne de fauna silvestre en la familia

Los responsables de realizar las labores de caceria en la familia resultan ser principalmente los padres o jefes de familia según los resultados del estudio y de acuerdo al siguiente porcentaje por sindicatos.

Caudro 7. Responsables de aprovisionamiento de carne de *Tayassu pecari*

Responsable de labores de cacería		
Los responsables de la caza	**Los tres sindicatos**	**Porcentaje**
Padre de familia	Nuevo Horizonte	81%
	16 de Julio	78%
	Túpac Catarí	65%

En un menor porcentaje y de forma circunstancial, asumen esta obligacion los tíos, los abuelos, primos, vecinos asi tambien indican que las mujeres no participan de esta actividad. (Grafico 4).

La carne de monte es particularmente importante en la dieta de los indígenas. Tambien la población campesina y/o colona asumen el mismo comportamiento según indican los encuestados en los sindicatos.

Gráfico 4. Responsable de la caza según lo miembros de la familia

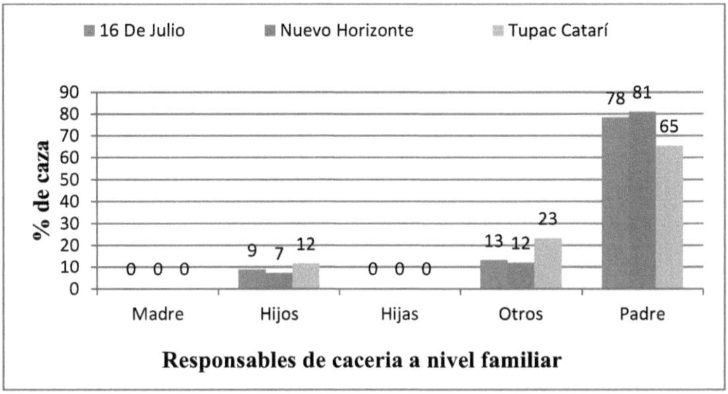

4.3. Incremento disminución poblacional del *Tayassu pecari*

4.3.1. A la pregunta de que Cuantos *Tayassu pecari* caminaban antes, y cuantos caminan ahora y si tiene la percepción que esta desapareciendo?

Los encuestados de los tres sindicatos dieron a conocer su amplia preocupación por el futuro la existencia de los *Tayassu pecari*, estan sus persepciones:

Cuadro 8. Cantidad de *Tayassu pecari* que caminaban antes

Resultados según la encuesta		
Los que piensan desaparecerán los chanchos	**Sindicatos**	**Porcentaje**
SI	Túpac Catarí	40%
	16 de Julio	38%
	Nuevo Horizonte	35%

De la misma manera y en referencia a la frecuencia de aparición de tropas y numero de componentes de las mismas. Los resultados indican a diferencia a lo de antes con el presentes, y se expresan en forma porcentual:

Cuadro 9. Comparación de presencia de *Tayassu pecari* de antes y ahora

Resultados según la encuesta		
Observaciones de antes	**Los tres sindicatos**	**Porcentaje**
Antes	Nuevo Horizonte	36%
	16 de Julio	31%
	Nuevo Horizonte	29%

Gráfico 6. Comparación de presencia del pasado con el presente sobre la presencia y densidad poblacional

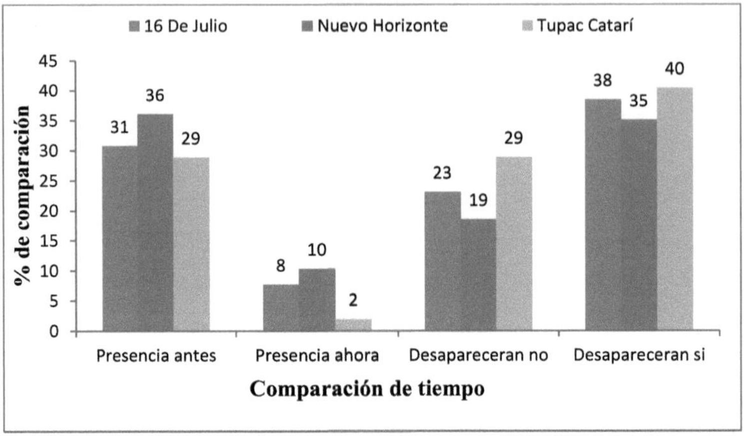

4.3.2. Factores que influyen para la disminución de los *Tayassu pecari*

Los factores que inciden en la disminución poblacional y frecuencia de aparición de los *Tayassu pecari* se pudo identificar los siguientes (Cuadro 10):

Cuadro 10. Factores que influyen para desminución de los *Tayassu pecari*

Factores que afectan la presencia del *Tayassu pecari*	**Sindicatos**	**Porcentaje**
La cacería	16 de Julio	48%,
	Nuevo Horizonte	45%
	Túpac Catarí	44%
Deforestación	Nuevo Horizonte	31%,
	Túpac Catarí	31%
	16 de Julio	21%
Ampliación de la frontera agrícola	16 de Julio	17%
	Nuevo Horizonte	14%
	Túpac Catarí	13%

El factor considerado más importante para la disminución de los *Tayassu pecari* es la caceria, en segundo lugar es la deforestación y ampliación de la frontera agricola.

Según Leopold (1959) y March (1990) mencionan que las especies de *Tayassu pecari* son buenos indicadores del buen estado de conservación de las selvas y desaparece muy rápido en áreas perturbadas, prefiriendo siempre áreas bien conservadas.

El presente estudio se determino que el presencia de *Tayassu pecari* también prefiere y elige como su hábitat es el bosque primario donde hay agua, y especies frugiferos. Por lo tanto es de mucha importancia la conservación de los bosques y el buen manejo del *Tayassu pecari*.

Gráfico 8. Factores que influyen en la disminución de los *Tayassu pecari*

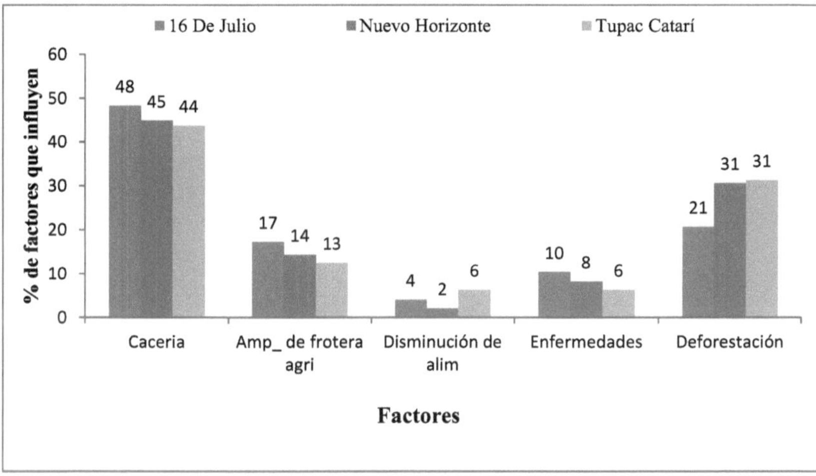

4.4. Conclusiones

Del *Tayassu pecari* la principal fuente de alimentación de las especies son: palmeras de la familia palmácea. La especie chonta (*Astrocaryum macrocallyx*) y palla (*Phoenix roebeleni*).

El *Tayassu pecari* cumple una función muy importante para los bosques donde habita, es un dispersor y escarificador de semillas forestales, controla la invasión de algunas vegetales comiendo cogollos y es fuente de alimentación esencial para el ser humano.

El mayor problema para la disminución de la población de *Tayassu pecari* es la cacería indiscriminada, deforestación y Ampliación de la frontera agricola.

4.5. Recomendaciones

Es necesario que las normas que rigen el resguardo de la fauna silvestre e indirectamente el bosque en si deban basarse en estudios que precautelen la alta diversidad florística producto de la asociación bosque-fauna.

Los problemas principales en los tres sindicatos fueron la cacería indiscriminada, deforestación y ampliación de la frontera agrícola. Sin embargo, los pobladores plantean alternativas para realizar la cacería controlada estas son: reforestar las especies que son la dieta del *Tayassu pecari*, realizar quemas controladas, no perjudicar las crías, cazar lo necesario, obtenerse de cazar en época de gestación, caso contrario aplicar según las leyes y normas vigentes (Anexo 9).

Realizar talleres de capacitación a los pobladores informando sobre la importancia de la sobrevivencia de los *Tayassu pecari* y la situación actual de flora y fauna en todo el ecosistema y que problemas nos esta trayendo hoy en día en los tres sindicatos.

Ejecutar proyectos de manejo y conservacion de fauna y flora ambos cumplen un papel muy importante para mitigar el impacto ambiental.

DIMENSIÓN V – VIVIR BIEN

5.1. Incidencia o contribución esperada al vivir bien

El vivir bien es compartir la visión a la chacana, compartimiento de ideas llevando adelante su visión y misión de (UNIBOL) Quechua Casimiro Huanca llevar adelante la armonía, valor, respeto, tanto hombres y mujeres y con todo los seres vivos que existen a nuestro alrededor, como ejes de ancestros.

El estudio de la investigación de especies forestales que son la dieta del *Tayassu pecari* en los tres sindicatos 16 de Julio, Túpac Catarí y Nuevo Horizonte. Permitió conocer la relación existente entre la dieta familiar o consumo de carne de *Tayassu pecari* y la necesidad de tomar ciertas determinaciones que permitan cautelar la permanencia o existencia de la especie en el área y que por el momento no se encentra en peligro de desaparición.

Es importante para la dieta del ser humano y también es dispersor de semillas forestales, nos protege de víbora porque es su dieta principal de los *Tayassu pecari.*

5.2. Rescate, contraste o construcción de saberes

Los tres sindicatos saben que especies consume mayor los *Tayassu pecari* como su dieta principal como ser chanta, palla.

Los *Tayassu pecari* están disminuyendo por la como principal factor por la cacería, deforestación, ampliación de la frontera agrícola

La elaboración de los formularios se realiza en el idioma español puesto que se efectuó en quechua que idioma del lugar muy difícilmente. Por tanto en el encuestador debe tener capacidad de traducir la pregunta para el encuestado y posteriormente traducir la respuesta para ser asentado en el formulario de encuesta.

Los jóvenes aprenden conocimientos sobre el *Tayassu pecari* de forma directa mediante la participación en la cacería y observación de sus costumbres de este animal. Los pueblos indígenas de los Tipnis del trópico de Cochabamba manejan los *Tayassu pecari* respetando las hembras y crías, de esta manera asegurar la sustentabilidad de flora y fauna.

BIBLIOGRAFÍA

Bernal, N. & Silva C. 2003. Mamíferos. Pp. 1-29. En Flores B., E. & C. Miranda L. (eds.). Fauna Amenazada de Bolivia ¿Animales sin futuro? Ministerio de Desarrollo Sostenible, La Paz, Bolivia.

Bodmer, R. 1997. Manejo y uso de peccaries en la Amazonia Peruana Occidental Pper of the UICN Species Survivan Commission No. 18.Secretaria de CITES-Ecuador. Ginebra.

Boomer, R. 1993.TheCollaredd Peccary (*Tayassu Pecari)* patina 7-13 en: W.L.R.Oliver Status Survey and conservation Action Plan Pigs, Pecaries, and Hippos. International Union for Conservation of Nature and Natural Resources. Gland, Suiza.

Borge, C., & Herrera, B. 2006. Análisis de amenazas y oportunidades para la conservación en ACOSA. Informe Técnico No. 3. Pág 95. San Jose, Costa Rica.

Cardona, E. 1999. Los bosques en el departamento de Santa Cruz Bolivia. Pág. 11.

Carrillo, E. 1997. "Size and stability of write – lipped (*Tayassu pecari)* herds in Concorvado National Park, Costa Rica", en tropical diversity Origins, Maintenance and Conservation. Association for Tropical Biology and Organization for Tropical Studies. USA.

Decreto Supremo No. 24453. 1996. Articulo 69. reglamentado la Ley Forestal, N° 1700, del 12 de julio.

García, L. 1998. "Prospección de fauna silvestre en el bosque de Producción permanente del Valle Sacta pasantía".

Jackson, J. 1899. Jabalís y Chanchos Salvajes Presencia, 3 (17): 8-10. EEA Inti Villa Mercedes, San Luis.

Lama, M. 2000. Análisis de contenidos estomacales de Tayassu pecari y Pecari tajacu que habitan las tierras del alto y bajo Izozog. In: Cabrera, E; Mercolli, C; Resquín, R. Manejo de Fauna Silvestre en Amazonia y Latinoamérica. Fundación Mosisés Bertoni, Asunción. p. 393-400.

Ley 1333, 1992. Ley de Medio Ambiente Promulgada el 27 de abril de 1992 , publicada en la gaceta oficial de Bolivia el 15 de junio 1992.

Link, D. 1795. Beitrage zur Naturgeschichte: Rostock und Leipzig 2, 1-126.

Llorente, J. 2010. Complejidades de los procesos de investigación publicado por Universidad de Helsinki. Pág. 186.

Louise, E. y Feer, F. 1997. Neotropical Rainforest Mammals, A Field Guide.

Ministerio de Medio Ambiente y Agua, 2009. "Libro Rojo de la flora amenazada de Bolivia Volumen I Zona Andina", La Paz Bolivia.

Miserendino, R. 2007. Dieta de los chanchos de monte: Taitetú (Tayassu tajacu) y Tropero (Tayassu pecari) en el territorio indígena Siriono, Beni, Bolivia. Revista Boliviana de Ecología y Conservación Ambiental, 21:43-56.

Morales, T. 1999. Bases para un manejo sostenible de la fauna en Lomerío, mediante el monitoreo de la cacería. Tesis de licenciatura. Universidad Mayor de San Andrés. La Paz, Bolivia.

Nowak , R. 1999. Walker Mammals of the World. Sexta Edición. The Johns Hopkins University Press, Baltimore.

Ojasti, J. 1993. Utilización de la fauna silvestre en América Latina. Situación y perspectivas para un manejo sostenible. Guías FAO: Conservación (Roma) 25. 248 pp.

Olmos, F. 1993. Diet of sympatric Brazilian caatinga peccaries (*Tayassu pecari tajacu)* J. Trop. Ecol. 9: 255-258.

Painter, R.L.E., & D.I. Rumiz, 1999. ¿Por qué son importantes los herbívoros terrestres para los bosques de producción forestal? Rev. Bol. De Ecol. 5:61-74.

Prada, F. 2010. Aprendamos a Cazar Con Los Secretos De Los Abuelos En La Nación Mosetén De Covendo presente trabajo fue realizado en el marco del acuerdo firmado entre Unicef y la Universidad Mayor de San Simón (UMSS), por medio del PROEIB Andes, con fondos del gobierno de Finlandia La Paz, Bolivia pág. 42.

Proyecto BOLFOR. Santa Cruz, Bolivia.

Romero, D. 2008 Estimación de la densidad poblacional y tamaño de tropa de chancho de labios blancos (Tayassu pecari) en el valle del río Hondo, Parque Nacional y Área Natural de

Manejo Integrado Madidi (Bolivia). Tesis de licenciatura. Universidad Mayor de San Andrés. La Paz, Bolivia. 63 pp.

Rumiz, D. 1999. Boletín Bolfor Cacería de fauna silvestre. (Taitetú - Tayassu tajacu) Edición No. 17, Julio 1999.

Rumíz, D. 2001. El rol de la fauna en la dinámica del bosque neotropical: una revisión del conocimiento actual adaptado al caso de Bolivia. Pp 31-52. En: Fredericksen, T y Mostacedo, B (eds). Regeneración y silvicultura de bosques tropicales en Bolivia.

Sáenz, j., & Carrillo, E., 1998. "Uso de seis manadas de chanchos troperos (*Tayassu pecari*) en Córdova, Costa Rica. Implicaciones para su conservación", en congreso Latinoamericano de Ecología, Arequipa, Perú. Instituto de Ciencias Ambientales de la Universidad San Agustín de Arequipa.

Salvador, R. 2007. Dieta de los Chanchos de monte: Taitetu (Tayassu tajacu) y Tropero (Tayassu pecari) en el territorio indígena Siriono, Beni, Bolivia.

Santivañez, JL. 2003. Impacto de la cacería sobre la fauna silvestre en bosques de producción castañera en la Amazonía de Bolivia. Serie Técnica 3/2003. Programa PROMAB. Riberalta, Bolivia.

Sierra, C. Castillo, E., & Arguedas, S. (2006). Diagnostico biofísico, social, económico, productivo y análisis institucional (Proceso de Elaboración de los Planes de Manejo del Parque Nacional Corcovado (p. 100)

ANEXOS

Anexo 1. *Tayassu pecari*

Anexo 2. comparación de cogollos vegetales como dieta de los chanchos troperos

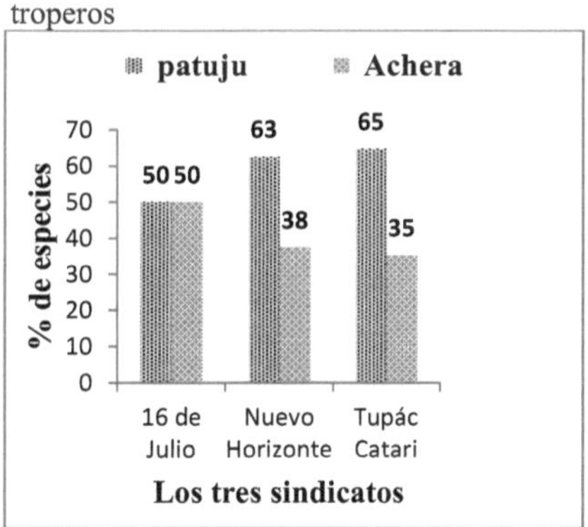

Anexo 3. comparación de cogollos y frutos como dieta de los chanchos troperos

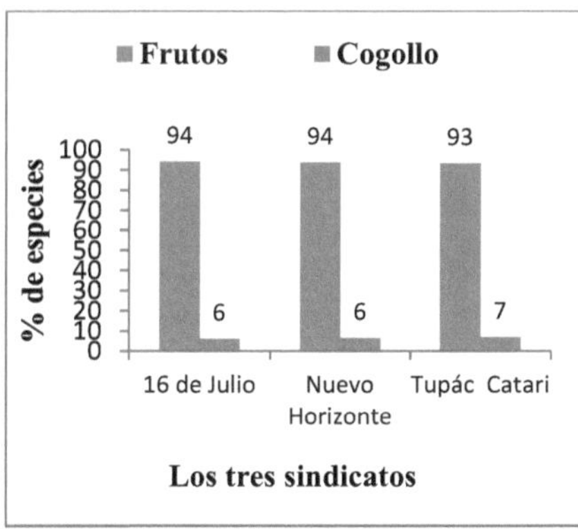

Anexo 4. Otros especies que son hábitos alimenticios de chancho tropero

Anexo 5. Cultivos que son mayor consumo de *Tayassu pecari*

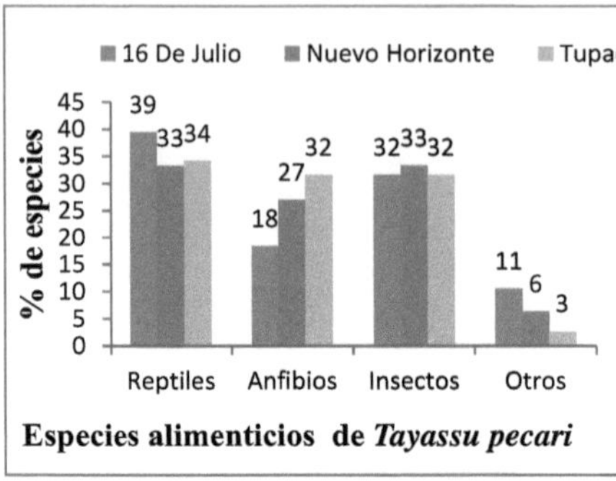

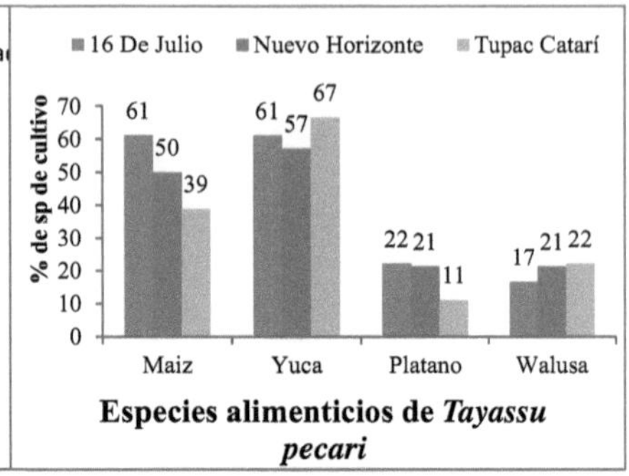

Anexo 6. Hábitat de los chanchos troperos

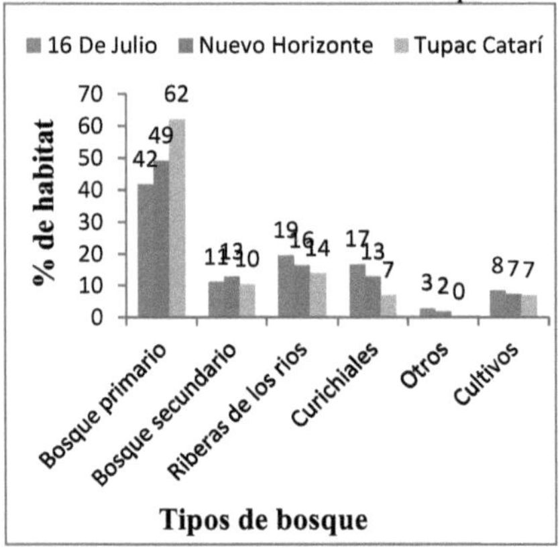

Anexo 7. De cuantos kilos cazan

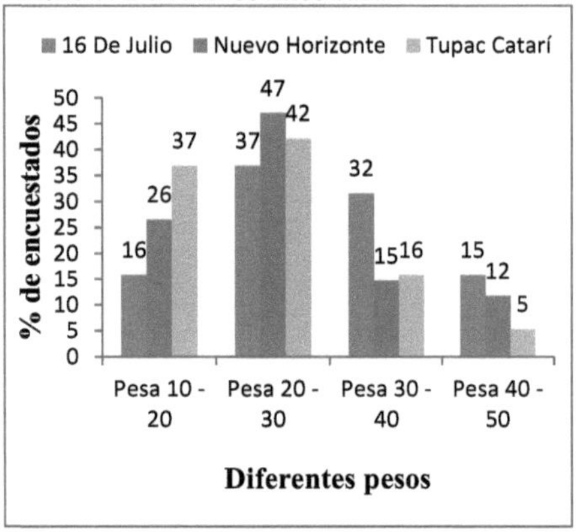

Anexo 8. El chaqueo, deforestación, la extracción ilegal de madera, apertura de camino

Anexo 9. Soluciones planteadas de las tres comunidades

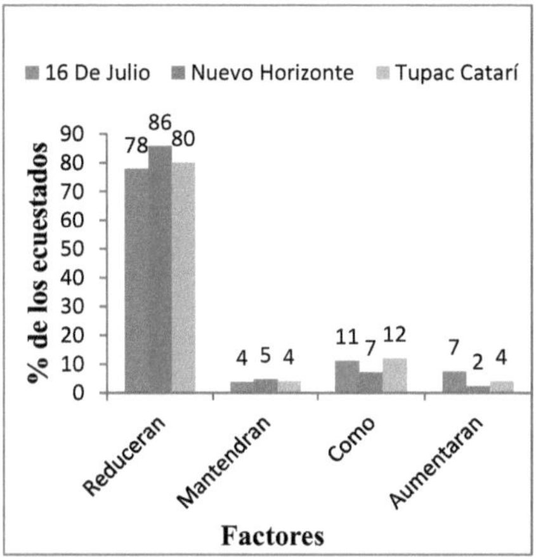

Anexo 10. Como aportan los chachos troperos al establecimiento de la biodiversidad

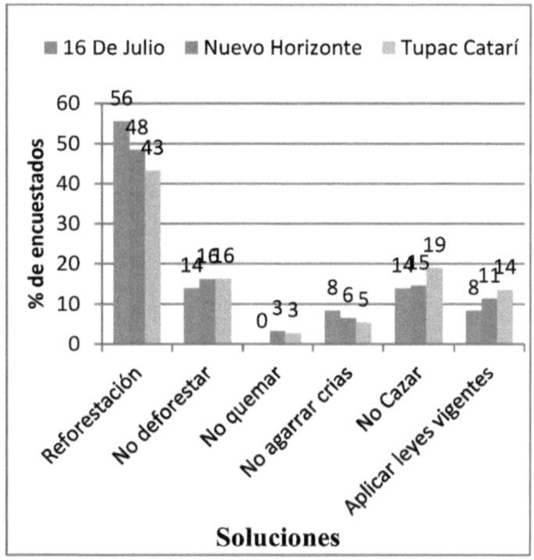

Anexo 11. Actividades que realizan en los tres sindicatos

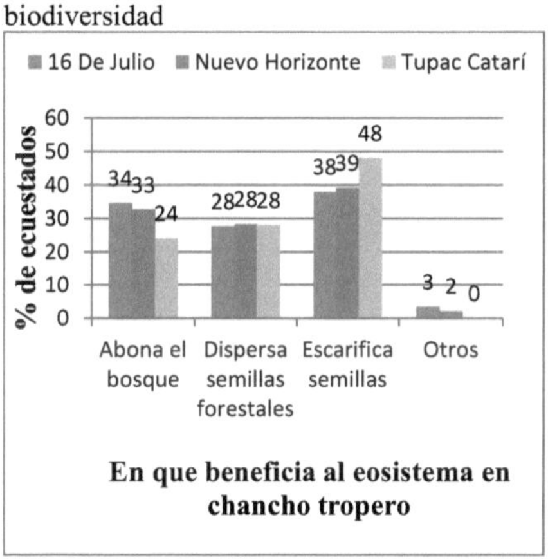

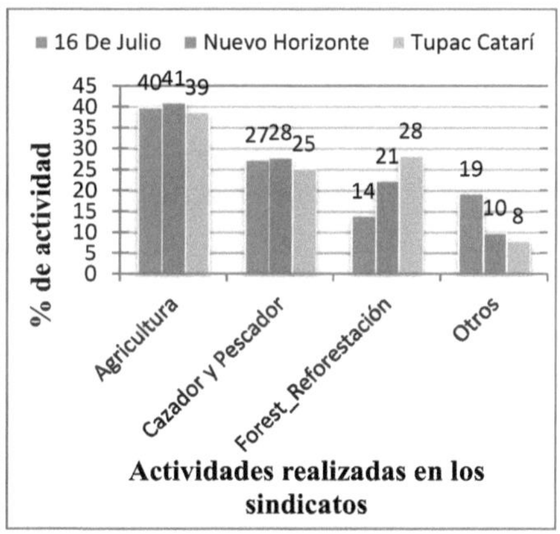

Anexo 12. La planilla de las encuestas

PLANILLA DE LA ENCUESTA No:.....

Elaborado por: Ignacio Torres Flores

Encuestador:..

Lugar: Sindicato "..............................." **Fecha**: ......de............ del Año 2015

Nombre (Encuestado).................................**Edad**..... **Sexo**....................

1: ¿Qué actividades realizas en tu comunidad según prioridades (llenar numeración correlativa por orden de importancia)?

1 actividad principal, 2 actividad secundaria, 3 actividad tercera, 4 actividad cuarta, 5 actividad quinta

Agricultor	
Forestal Reforestación	
Cazador y pescador	
Otros	

DETERMINAR LOS HÁBITOS ALIMENTICIOS DE CHANCHO TROPERO *T. PECARI* SU PRESENCIA Y LA CAZA DE ESTA ESPECIE (MEDIANTE LOS SABERES LOCALES).

2. Conoce la reprodución sexual de los chanchos troperos?

Si No

a) Cuando procrea ( ) b) Cuantos procrea ( )

c) Donde se procrea ( ) d) Que mas conoces.......................... ...

3. ¿Eres cazador de los chanchos troperos?

SI NO

4. ¿De cuantos kilos cazan el chancho tropero aproximadamente?

a) 10 – 20 b) 20 – 30 c) 30 – 40 d) 40 – 50 e)..............

5. ¿Para que cazas a los chanchos troperos?

a) Comercializar b) Consumo familiar c) Medicina

6. ¿Dónde viste a los chanchos troperos?

a) Bosque primario b) Bosque secundaria c) Riberas de los rios

d) Curichiales e) Cultivos f) Otros…………………………...

Porqué crees o sabes que habita en este sitio…………………………………………

7. ¿Con qué cazas ?

a) Arma blanca b) Arma de fuego c) Armadilla d) Otros…………………

Porque…………………………………………………………………………………..

8. ¿En tú familia quien es el cazador de los chanchos troperos?

a) Padre b) Madre c) Hijos d) Hijas e) Otros……………......

9. ¿Tiene algun uso medicinal los chanchos troperos?

SI NO

a).Qué parte?...

b).¿Para qué?...

10. ¿En qué época son más gordos los chanchos troperos?

R.…………………………………Porque……………………………………………

…………………………………………………………………………………………..

11. ¿Cuáles crees que son los factores para la disminución de los chanchos troperos?

a) La caceria b) Ampliación de frontera agricola

c) Disminucion de alimentos d) La deforestación

e) Enfermedades f) …………………………………………...

12. ¿Cuantos chanchos troperos caminan ahora (…...), y cuantos caminaban antes (…...)crees que desaparecera?

SI NO.

Porque…………………………………………………………………………………..

13. ¿Conoces donde duermen los chanchos troperos?

a) Troncos secos b) Raices hueco c) Matorrales d) Cuevas f) Otros…

14. ¿ Conoces algo mas sobre la alimenticios de los chanchos troperos?

R:……………………………………………………………………………………….

IDENTIFICAR LAS ESPECIES FORESTALES QUE SON LA DIETA DEL *T. PECARI* EN LOS TRES SINDICATOS.

15. ¿Qué frutos forestales come el chancho tropero?

Numero	Que Árbol	Parte del árbol	Observación
1			
2			
3			
4			
5			
6			
7			
8			
9			
10			

16. ¿Sabías que los chanchos troperos son esparcidores de semillas forestales?
SI NO

¿Cómo?…………………………………………………………………………………………

17. ¿ A parte de los frutos forestales, de que mas se alimenta el chancho?

a) Animales ……………………………b) Raices ……………………………………

c) Lombrices …………………………..d) Otros……………………………………...

DETERMINAR EL INCREMENTO O DECREMENTO POBLACIONAL DEL *T. PECARI*

18. ¿Como aportan los chachos troperos al establecimiento de la biodiversidad?

a) Dispersa semillas forestales b) Abona el bosque

c) Escarifica semillas d) Otros………………………………

19. ¿El chaqueo, la quema, la deforestación , la extracción ilegal de madera, apertura de camino?

a) Reducen las poblaciones del chancho tropero
b) Mantienen las poblaciones de chancho tropero
c) Aumentan las poblaciones de chancho tropero

Como..

20. ¿Usted cree que la caza controlada de chanchos troperos es una alternativa económica a su ingreso básico y o a si dieta alimentaria?

SI NO

Porque...

R...

....

21 ¿.cuáles son las problemas para que desaparezca la flora y fauna silvestre?

R....

....

22. ¿Qué soluciones plantearías desde tu punto de vista para la conservación y manejo sustentable de flora y fauna silvestre?

R...

....